DIRECTEUR

GUSTAVE PHILIPPON
Docteur ès sciences.

Les Rayons X

PAR

PAUL PHILIPPON
RÉPÉTITEUR A LA FACULTÉ DES SCIENCES DE PARIS

(Nombreuses Figures dans le texte)

HENRI GAUTIER, editeur, 55 Quai des Gds Augustins. PARIS.

Nº 57 | Il paraît un volume tous les quinze jours

LES RAYONS X

par PAUL PHILIPPON

RÉPÉTITEUR A LA FACULTÉ DES SCIENCES DE PARIS

I

EXPÉRIENCES DE RÖNTGEN

La photographie de l'Invisible! c'est sous ce titre que, au commencement de cette année même, les journaux annonçaient une nouvelle découverte faite par un physicien allemand, Röntgen, et, en même temps, ils décrivaient une série d'expériences bien faites pour surexciter la curiosité du public. Le pittoresque de la formule, l'étrangeté des faits (on photographiait à travers des plaques de bois, à travers des plaques de carton noirci, à travers des lames de métal d'une épaisseur très respectable) impressionnèrent l'imagination d'autant plus que les commentaires allaient leur train et que les hypothèses les plus hardies touchant les applications de la nouvelle découverte semblaient parfaitement justifiées.

Qu'avait donc découvert Röntgen? Quelle part fallait-il laisser à l'imagination des auteurs des nombreux articles publiés un peu partout? C'est ce que nous nous proposons d'expliquer, aussi simplement que possible, dans les pages qui vont suivre.

Tout d'abord nous relaterons les expériences originales faites par l'auteur et telles qu'il les a décrites dans le mémoire présenté à la Société physico-médicale de Wurtzbourg.

Tout le monde sait, aujourd'hui, ce qu'est une bobine de Ruhmkhorff : une machine capable de fournir sous l'action d'un courant de pile voltaïque, un second courant d'une grande puissance ; mais on ignore généralement ce qu'est un *tube de Crookes*. Or, le tube de Crookes, perfectionnement du tube de Geissler, est un tube de verre muni à ses deux extrémités de garnitures métalliques dont l'une, creuse, est munie d'un robinet permettant d'enlever l'air contenu dans le tube. Chacune des garnitures porte une tige de cuivre qui se termine dans l'intérieur du tube par une boule de métal. Si l'on met les armatures en rapport avec une bobine électrique, on voit, lorsque le tube contient de l'air, jaillir entre les boules (électrodes) une série d'étincelles. Le phénomène change d'aspect à mesure qu'on raréfie le gaz dans l'appareil. Dans les tubes de Crookes, on arrive à réduire la pression du gaz à quelques millionièmes d'atmosphère. On définit atmosphère, la pression exercée sur un centimètre carré par la colonne d'air qui a pour hauteur l'atmosphère qui enveloppe la terre. Elle équivaut à peu près au poids d'une colonne de mercure de 76 centimètres de hauteur.

Nous empruntons ce qui suit à M. Raveau qui, en mars 1896, a publié dans le *Journal de physique* la traduction *in extenso* du mémoire de Röntgen.

« On fait passer la décharge d'une grosse bobine de Rhumkhorff dans un tube de Crookes, préalablement entouré d'un écran de papier noir qui le recouvre complètement. Le vide a été poussé dans le tube aussi loin que possible. On se place alors dans une chambre où règne une obscurité complète et l'on approche du tube un papier imprégné d'un de ces matières dites fluorescentes qui ont le pouvoir de s'illuminer sous l'action de la lumière, mais aussi de perdre rapidement cette propriété. Or, sans qu'aucune lumière appréciable à nos yeux traverse le papier noir, on voit le papier imprégné de substance fluorescente briller d'un vif éclat. Le phénomène s'accomplit encore si le papier sensibilisé est placé à deux mètres du tube de Crookes. »

La conclusion de l'expérience s'impose, il existe un agent physique, capable de traverser une plaque de carton absolument opaque.

Avant de chercher l'explication du phénomène, d'exposer les théories proposées par les savants, et de montrer quelles applications utiles on peut tirer de l'expérience fondamentale, il est intéressant de vérifier si tous les corps, ou un certain nombre seulement, se laissent pénétrer comme le carton.

Röntgen lui-même s'est livré à cette recherche et il a trouvé que *tous les corps* jouissent de la même propriété quoique à des degrés différents.

Le papier est un de ceux qui se laissent traverser le plus facilement : derrière un livre de mille pages, le papier sensibilisé montre encore une vive fluorescence. L'encre d'imprimerie offre la même perméabilité.

Les métaux sont moins aisément traversés. Si une seule épaisseur de papier d'étain ne projette pas d'ombre sensible, plusieurs feuilles superposées produisent un effet notable. Un morceau d'aluminium de 15 millimètres a laissé passer le nouvel agent physique, mais en diminuant beaucoup la fluorescence. Des plaques de verres ont offert la même propriété; toutefois on remarque que le cristal est plus réfractaire que le verre ordinaire. Sous une épaisseur de plusieurs centimètres le caoutchouc durci ou ébonite se laisse traverser.

Enfin, et c'est là l'expérience qui a le plus séduit la grande majorité du public, si l'on place la main devant l'écran fluorescent, les os projettent une ombre, tandis que les tissus environnants sont à peine estompés.

Parmi les corps qui se laissent le plus facilement traverser, il faut citer le bois. Une planche de sapin de 3 centimètres d'épaisseur a laissé passer l'agent de Röntgen.

En général plus un corps est lourd, moins il est transparent. Les métaux denses tels que le plomb, l'argent, l'or, le platine ne sont perméables que lorsqu'ils sont en lames très minces. Pour une épaisseur de 1 millim. 05, le plomb est opaque tandis qu'une lame de platine de 2 millimètres est encore traversée. Une planche de bois peinte au blanc de plomb sur un côté ne se laisse pas pénétrer, mais elle est traversée lorsqu'on place la face peinte parallèlement au tube.

Toutefois, le poids spécifique n'est pas la seule cause qui

détermine la perméabilité ou la non perméabilité des corps, car Röntgen a fait l'expérience en prenant comme écran des lames également épaisses de verre, d'aluminium et de spath d'Islande (minéral qui a même composition chimique que le carbonate de calcium, plus connu sous le nom de calcaire et dont la pierre à bâtir est une variété). Ces trois substances ont sensiblement la même densité. La dernière substance se montre de beaucoup la plus transparente.

Telles étaient les principales expériences que relatait Röntgen dans son mémoire, et il donnait le nom de *Rayons X* à l'agent physique dont il venait de découvrir les curieuses propriétés. Toutefois, ses expériences n'eussent probablement pas obtenu le retentissement universel qu'elles ont eu sans une dernière que nous devons citer, car elle justifie le titre de photographie de l'invisible, et a été, jusqu'ici la plus féconde en résultats. Cette dernière expérience est l'essai des rayons X sur les plaques photographiques, et ces plaques se sont montrées extrêmement sensibles. Il est évident, dès lors, que si l'on interpose un corps qui ne se laisse pas traverser, entre le tube de Crookes et la plaque, on obtiendra une véritable épreuve photographique de sa silhouette. C'est ainsi qu'ont été photographiées des parties internes du corps humain, des animaux, etc.; les épreuves ont été examinées par tout le monde. Le squelette d'une grenouille ou d'un poisson est obtenu, sur le vivant, avec la netteté d'une épreuve ordinaire.

La particularité curieuse de la photographie par les rayons X, particularité due à la transparence du bois, est qu'on expose la plaque à leur action sans soulever le couvercle du châssis de l'appareil, sans qu'on ait à enlever aucune boîte protectrice. Bien entendu les plaques dont on ne se sert pas ne doivent pas être laissées dans leur boîte au voisinage d'un tube de Crookes.

On voit par ce qui précède que les expériences de Röntgen méritaient bien d'attirer l'attention de tous. Mais nous dirons pourquoi le monde savant fut moins surpris peut-être par ces faits nouveaux que par telle ou telle découverte récente. Les recherches se portèrent surtout sur la nature du mystérieux agent des nouveaux phénomènes, qui n'est qu'une manifestation, jusqu'ici inconnue, des radiations lumineuses dont nous allons maintenant énoncer les propriétés, avant de passer à l'étude des théories émises sur les rayons X et des applications qu'ils ont pu fournir jusqu'à présent.

II

QUELQUES PROPRIÉTÉS DES RADIATIONS.

Rappelons brièvement quelques-unes des propriétés principales des radiations.

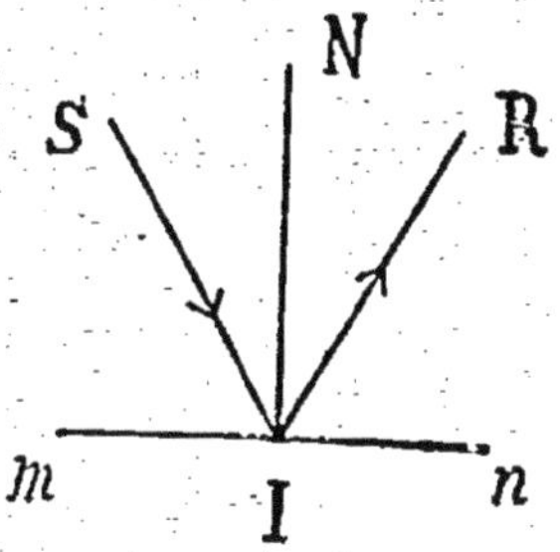

Réflexion. — Si un rayon de lumière SI (fig. 1) rencontre une surface polie mn que pour plus de simplicité nous supposerons plane, le rayon change de direction, *se réfléchit*, et la lumière qui se propageait précédemment dans la direction SI se propage, après réflexion, suivant une direction IR, définie par ce fait que l'angle RIN du rayon réfléchi avec la normale IN (perpendiculaire menée à la surface réfléchissante au point I) est égal à l'angle SIN que fait le rayon incident SI avec cette normale, le rayon IR étant d'ailleurs dans le plan des deux droites SI et NI. Telles sont les lois de la réflexion.

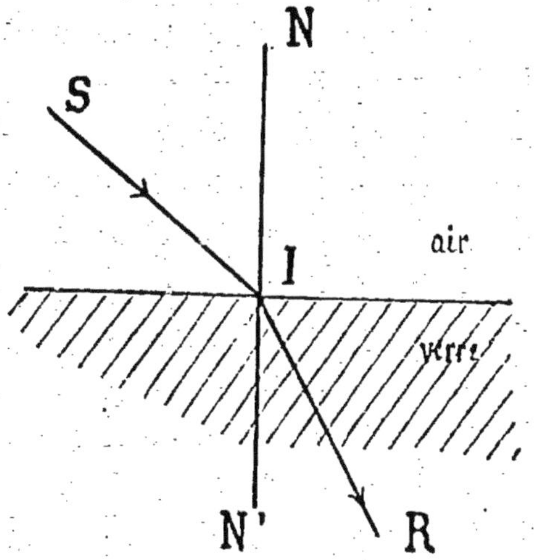

Fig. 1.

Réfraction. — Quand un rayon lumineux SI (fig. 2) se propageant primitivement dans un certain milieu, l'air par exemple, rencontre la surface qui sépare ce milieu d'un autre milieu transparent comme le premier, telle que la surface d'une lame de verre, la partie du rayon qui pénètre dans le second milieu change de direction, et la propaga-

Fig. 2.

tion de la lumière qui, dans l'air, se faisait suivant la direction du rayon incident *S I*, se fait dans le verre suivant une direction différente *I R* que l'on appelle celle du rayon *réfracté*; c'est le phénomène de la *réfraction*.

Vibrations transversales et vibrations longitudinales. — Tout le monde a pris plaisir à suivre dans l'eau les ronds que fait autour d'elle une pierre qui tombe verticalement. Des *ondulations* naissent au point où est tombée la pierre et se propagent régulièrement suivant des circonférences concentriques; le mouvement se fait du centre vers la circonférence. Un objet situé en *A* (fig. 3) est atteint par l'ondulation partie du point *O* au bout d'un certain temps; un objet situé plus loin en *B*, sur la direction *O A*, est atteint plus tard; le mouvement *ondulatoire* se propage avec une certaine vitesse à travers le milieu; quant à ce milieu lui-même, on dit qu'il est animé de vibrations *transversales*, c'est-à-dire que chacune de ses particules oscille suivant une perpendiculaire à la direction de propagation. C'est ainsi qu'un bouchon, primitivement immobile sur l'eau, monte et descend *verticalement* sur les sommets et dans les intervalles des petites vagues qui se propagent *horizontalement*.

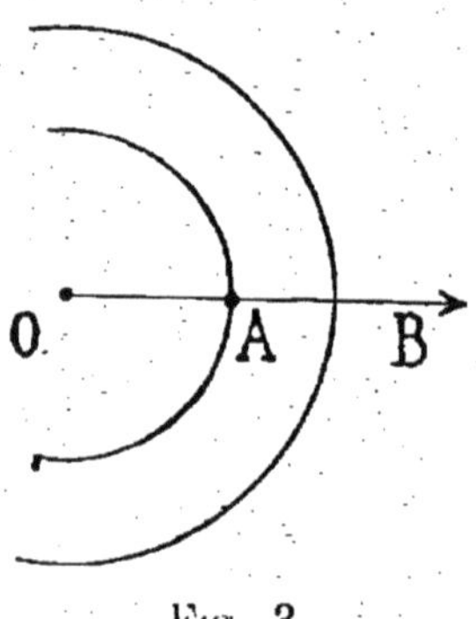

Fig. 3.

Il existe également des vibrations *longitudinales*, c'est-à-dire effectuées par les particules vibrantes, non plus perpendiculairement à la propagation, mais dans le sens même de cette propagation. Une curieuse expérience de Tyndall les met en évidence. Des enfants sont placés en file les mains de chacun sur les épaules du précédent, selon l'expression écolière, en *monome;* que l'on vienne à donner au premier une poussée sur les épaules dans la direction des bras tendus et l'on voit le dernier projeté en avant de façon dangereuse pour son équilibre. Aucun des autres n'a bougé, ils ont seulement transmis l'impulsion qui se manifeste sans équivoque comme dirigée dans le sens même de la propagation du mouvement.

Les expériences établissent que, tandis que le son présente

des vibrations longitudinales, les vibrations de la lumière et de la chaleur sont transversales.

Interférences. — Nous n'avons pas à donner ici l'explication de ce phénomène. Nous rappellerons seulement les résultats observés. Si en un point arrivent des ondulations provenant de deux sources identiques, deux vibrations prises dans chacun des deux groupes d'ondulations peuvent ajouter leurs effets, comme elles peuvent au contraire, agissant en sens inverse, compenser plus ou moins les effets l'une de l'autre. Dans le premier cas, l'intensité du phénomène lumineux, calorifique ou sonore est renforcée ; dans le second elle est atténuée jusqu'à être nulle quand la compensation est complète. Dans le cas de la lumière, ce fait se manifeste par de l'ombre bien que le point frappé ne reçoive séparément que de la lumière des deux sources considérées. C'est le phénomène des *interférences*. On dit dans ces conditions que deux rayons *interfèrent*.

Polarisation. — Certains cristaux présentent cette particularité que, s'ils ont été convenablement taillés, la lumière n'est plus, après les avoir traversés, dans le même état qu'auparavant. Rien d'anormal n'apparaît aux yeux, dans le faisceau de lumière émergent, mais l'expérience dément l'apparence. A travers un cristal, taillé comme il convient, du corps appelé la tourmaline, faisons passer un rayon de lumière solaire ou autre ; la tourmaline, qui est verte, laisse passer les rayons verts, et le faisceau qui sort est un rayon de lumière verte. Le constructeur a marqué sur la monture du cristal la direction de l'*axe*, direction qui présente des propriétés particulières ; nous supposerons cet axe vertical. Recevons le rayon vert sur une seconde tourmaline à axe vertical, le rayon la traverse comme il traverserait du verre. En plaçant les deux tourmalines entre la source lumineuse et l'œil, l'observateur les voit l'un sur l'autre en *A*, *B* (fig. 4), la partie *B* correspondant à la région où la lumière a traversé les deux épaisseurs de cristal à peine plus foncée que le reste. Au contraire, si l'on maintient vertical l'axe de

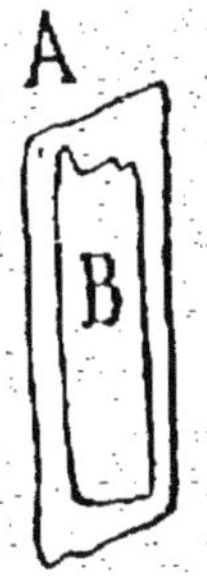

Fig. 4.

la première tourmaline en plaçant horizontalement celui de
la seconde *B*, une tache noire recouvre toute la région cou-
verte à la fois par les deux tourmalines
(fig. 5). La lumière qui a traversé le cristal *A* est donc dans un état particulier
qui lui permet de traverser un cristal
d'axe parallèle à l'axe du premier, mais
non un cristal d'axe perpendiculaire à
l'axe du premier. La lumière en cet état
est dite *polarisée*.

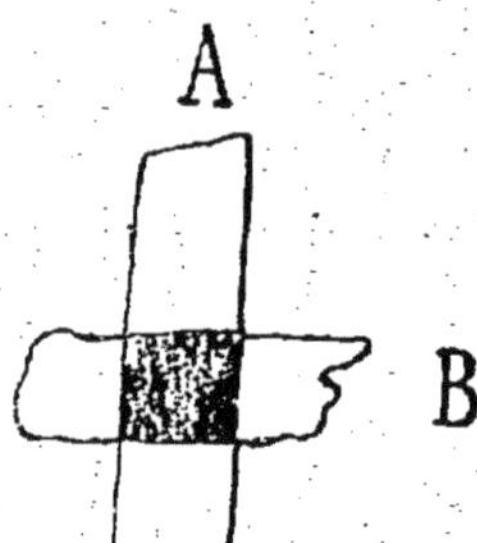

Fig. 5.

*Radiations lumineuses, radiations obs-
cures.* — Une conséquence du phéno-
mène de la réfraction est la suivante. Si l'on fait tomber,
suivant la même direction, deux rayons de couleurs différentes, ces deux rayons
ne subissant pas au même
degré le changement de
direction que produit la
réfraction, étant, selon
l'expression adoptée, *iné-
galement réfrangibles*, se
séparent dans le verre,
suivant, l'un une direc-
tion *IR¹*, l'autre une direction *I R²*, (fig. 6). Faisons tomber maintenant
sur la face *B A* d'un
prisme transparent un
faisceau de lumière blan-
che, naturelle ou autre,

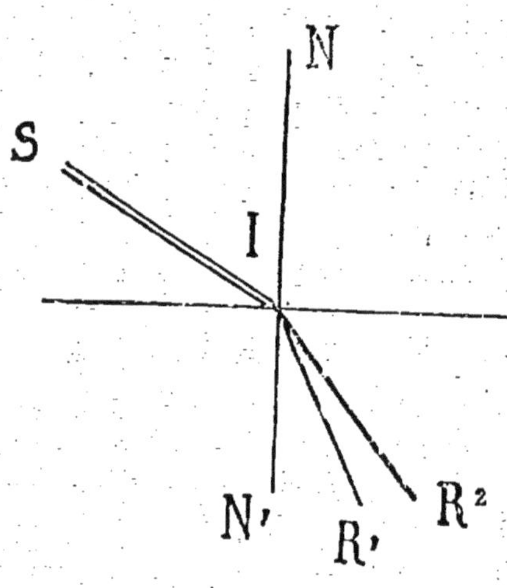

Fig. 6.

lumière du soleil ou lumière d'une lampe (fig. 7), nous nous
expliquerons facilement d'où vient l'image colorée appelée spectre, que l'on peut recueillir sur un écran, de
l'autre côté du prisme et qui présente de bas en haut,
dans le cas de la figure, les couleurs de l'arc-en-ciel.
Newton a démontré en effet que la lumière blanche
est formée d'un ensemble de radiations différentes, très
variées, de réfrangibilité décroissante du violet foncé au
rouge sombre et grossièrement classées en sept groupes

de couleurs : violet, indigo, bleu, vert, jaune, orangé, rouge.
Dès lors, le phénomène s'explique aisément. La radiation
rouge, la moins réfrangible, a suivi un chemin $SII'R$. Subissant deux fois la réfraction, en I, au passage de l'air dans
le verre, puis en I', au passage du verre dans l'air ; de
même la radiation violette, la plus réfrangible, a suivi le
chemin $SII''V$; toutes les autres se sont réparties dans l'in-
tervalle, selon leurs réfrangibilités intermédiaires. Mais ces
radiations *visibles*, les seules dont nous puissions, réduits à
nos organes, constater l'existence, les seules par consé-

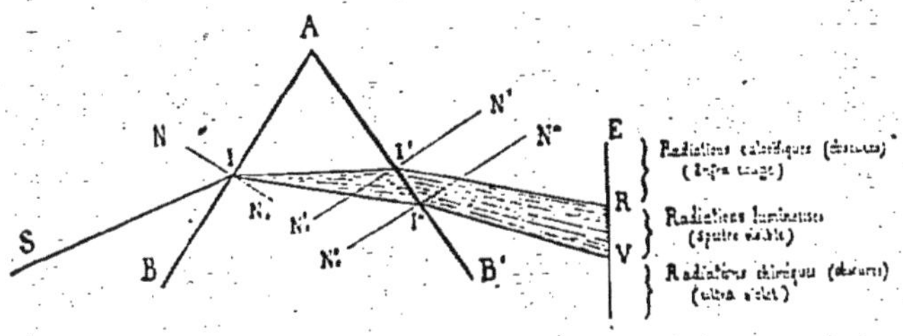

Fig. 7

quent à la réalité desquelles nous serions tentés de croire,
ne sont pas les seules qui proviennent du faisceau de
lumière blanche tombé sur le prisme. En deçà du rouge (au-
dessus dans la figure), dans la région appelée *infrarouge*,
un thermomètre sensible révèle la présence de radiations
chaudes ; par contre un papier photographique placé sur
l'écran, est impressionné bien au delà du violet, révélant
dans la région obscure — l'*ultraviolet*, — qui s'étend au
delà du bord violet du spectre lumineux (au-dessous dans
la figure), — la présence de radiations susceptibles de produire des actions chimiques.

On peut aller plus loin. Certains milieux, interposés sur
le passage de la lumière blanche, interceptent complètement
telles radiations et laissent passer telles autres. Le verre
lui-même est absorbant pour l'ultraviolet que laisse passer
le quartz, ou pour l'infrarouge que laisse passer le sel-gemme.
Certaines dissolutions d'iode donnent des liqueurs absolument noires, sans aucune transparence pour la lumière, et

que traversent toutes les radiations calorifiques, tandis qu'une couche d'argent, suffisante pour arrêter aussi toute lumière, laisse encore passer des rayons chimiques. Un fait familier à tout le monde fournit une comparaison frappante. Tout le monde sait que le son et la lumière sont également attribués à des vibrations. Pourtant le son est perceptible à travers un mur, à travers une boîte, parfaitement opaques à la lumière. En sorte que depuis longtemps les physiciens sont fixés sur le caractère essentiellement relatif de la transparence et de l'opacité. Un corps n'est pas opaque ou transparent d'une manière absolue, mais opaque pour telles radiations, transparent pour telles autres.

Cette constatation n'est pas sans importance pour la suite, elle explique du reste l'allusion que nous avons faite plus haut et qui a pu, dès le début, surprendre le lecteur, quand nous avons signalé, malgré l'impression générale produite dans le public, les résultats relatifs aux propriétés des rayons X, comme moins surprenants que d'autres récentes découvertes.

Phosphorescence et Fluorescence. — Certains corps possèdent la propriété remarquable d'émettre des lueurs lorsqu'après avoir été soumis à certaines actions, ils sont abandonnés à eux-mêmes dans l'obscurité.

Tout le monde a observé, ou connaît du moins de réputation, les phénomènes lumineux que présentent la mer phosphorescente, les vers luisants, parfois le simple frottement du pied quand on marche dans certains terrains riches en produits de décomposition organique.

Un papier recouvert de sulfure de baryum devient visible et brille d'un pâle éclat verdâtre, quand il reçoit les radiations ultraviolettes dont nous avons parlé plus haut.

Un tube renfermant du sulfure de zinc, exposé un moment à la vive lumière d'une lampe électrique, brille ensuite dans l'obscurité d'une belle couleur verte

Parmi les corps susceptibles de briller dans la nuit, les uns gardent leur éclat durant un temps plus ou moins long on les nomme *corps phosphorescents* : chez d'autres, l'éclat ne persiste qu'une faible fraction de seconde après la cause qui l'a provoqué, par exemple, dans les verres d'urane, les tubes de Geissler l'illumination cesse avec le courant. Tel est le phénomène de la fluorescence ; il n'y a pas lieu d'examiner ici les différences que l'on peut établir entre les deux phénomènes dont nous rappelons ici l'existence ; ajoutons seulement que, dans tous les cas, le phénomène lumineux cesse à la longue et que le corps ne reprend alors sa propriété que si on le soumet de nouveau à l'agent qui le lui avait une première fois donné. Si c'est à la lumière du jour qu'il a en quelque sorte emprunté de quoi produire les radiations dépensées petit à petit dans l'obscurité, c'est à cette source qu'il doit de temps en temps renouveler sa provision d'énergie lumineuse.

III

RAYONS CATHODIQUES

Expériences de Hittorf et de Crookes. — Si l'on fait passer à travers un gaz contenu dans un tube de verre la décharge d'une bobine d'induction, celui-ci présente des aspects différents selon la pression du gaz qu'il renferme.

Si ce gaz est à la pression normale, les étincelles jailliront entre les deux électrodes (1). Leur éclat dimi-

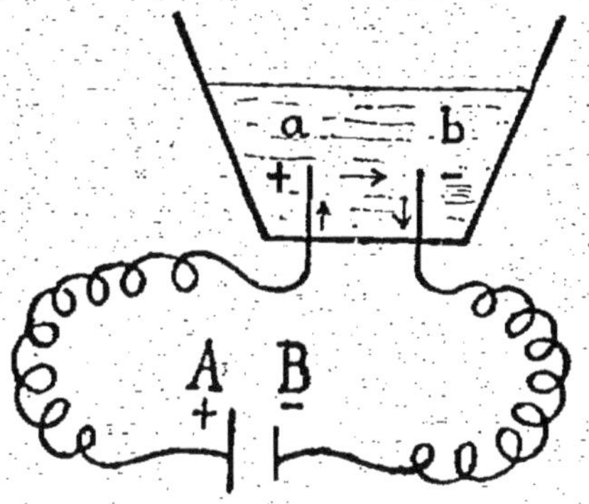

Fig. 8.

1. On sait que dans les dispositifs employés pour la décomposition des corps composés par le courant électrique, on appelle *électrodes* les deux pièces métalliques qui communiquent respectivement avec les deux pôles de la pile productrice du courant (fig. 8); électrode positive (*anode*) a celle qui communique avec le positif de la pile A, électrode négative (*cathode*) b celle qui communique avec le pôle négatif B. On attribue au courant un sens, de l'électrode positive vers l'électrode négative à travers le corps décom-

nue et leur fréquence augmente à mesure que la pression
est abaissée dans le tube. Elles sont remplacées plus tard
par des sortes d'aigrettes ; enfin, pour une pression mesu-
rée par quelques millimètres de mercure, elles se réduisent
à des lueurs qui emplissent assez uniformément tout le
tube.

Dans les tubes de Geissler, le pôle positif est entouré
d'une lueur violette, le pôle négatif d'une tache obscure
autour de laquelle la lueur présente d'ordinaire une couleur pâle mal déterminée.

Pour une pression plus basse encore, les lueurs sont loca-
lisées autour des pôles. A ce moment la lueur faible qui
entoure le pôle négatif, ou cathode, communique seule au
verre le vif éclat fluorescent qui l'illumine d'une vive lumière verte jaunâtre.

Pour cette raison, on appelle *rayons de cathode* ou *rayons
cathodiques* ceux que renferme ce flux de lumière. Ces
rayons ont été étudiés, il y a plus de vingt-cinq ans, par
Hittorf, qui a établi les propriétés suivantes étudiées de
nouveau plus récemment par le physicien anglais Crookes.

Les rayons cathodiques se propagent en ligne droite où
le chemin qu'ils suivent dans le tube ne dépend pas de la
position de l'anode. Plaçons l'anode *a* à l'une des extrémités
du tube de verre, la cathode *b* au milieu (fig. 9), et recour-

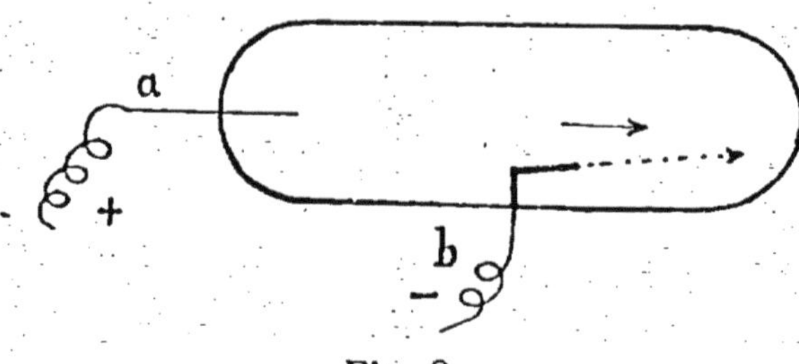

Fig. 9.

bons celle-ci de manière qu'elle soit dirigée vers le bout du
tube opposé à celui qui porte l'anode ; c'est sur cette extré-

posé. De cette manière, dans les dessins représentatifs de ces phénomènes,
le courant *monte* du côté de l'électrode positive et descend du côté de
l'électrode négative. C'est de là, croyons-nous, que viennent les noms
d'*anode*, route de montée (du grec ἀνα en haut, ὁδός route) et de *cathode*
ou route de descente (κατα en bas, ὁδός route).

mité opposée à l'anode dans le sens de la flèche que se propagent les rayons cathodiques. On peut encore employer des tubes de verre en forme de croix (fig. 10), et, disposant l'anode *a* et la cathode *b* aux extrémités de deux branches voisines, constater que les rayons cathodiques se propagent en ligne droite vers la branche opposée à celle qui porte la cathode dans le sens de la flèche. Dans aucune de ces deux dispositions, on ne voit la lueur bleue voisine de la cathode se recourber pour se diriger vers l'anode.

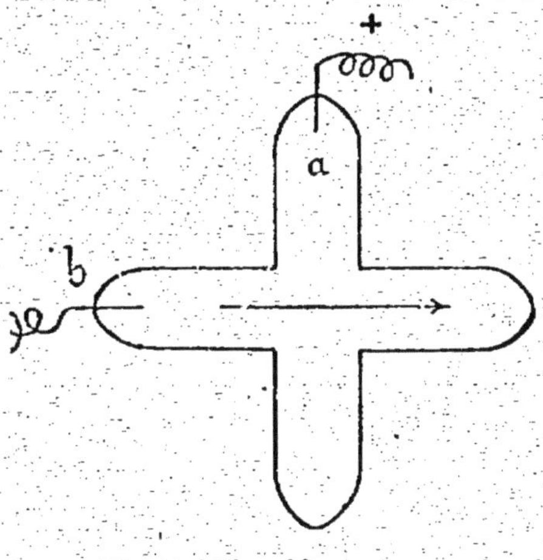

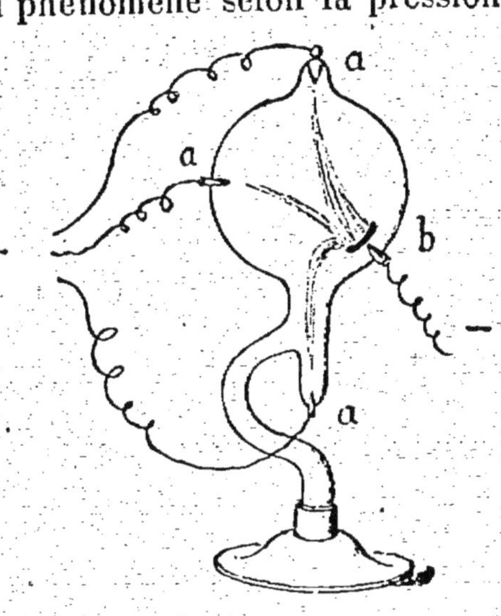

Fig. 10.

On peut citer une autre expérience qui montre clairement encore la propagation rectiligne des rayons cathodiques et l'allure différente du phénomène selon la pression du gaz. On emploie pour cela le tube représenté à la figure 11, portant trois boutons métalliques *a* en communication avec le pôle positif, par le fait trois anodes, et une cathode *b*, celle-ci de forme concave. Tant que la pression n'est pas très basse, on voit trois jets de lumière relier chacune des anodes d'une part et la cathode d'autre part, tandis que lorsque la raréfaction est poussée très

Fig. 11.

loin, on ne voit plus (fig. 12) qu'un jet dirigé comme la lumière que renverrait un miroir concave mis à la place de la cathode, et dont les rayons rectilignes viennent former une tache brillante en *c* sur le verre, juste en face de celle-ci.

Le voisinage même immédiat de l'anode ne modifie pas la direction des rayons cathodiques. Crookes employant un tube en forme d'œuf dont la cathode occupait le petit bout (fig. 13) obtint, nettement projetée sur le fond opposé, l'ombre d'une petite croix de métal qui constituait l'anode. La direction des rayons cathodiques qui passaient autour n'était aucunement modifiée par le voisinage de l'anode, ceux qui rencontraient la croix étant simplement interceptés comme le sont tous les rayons qui rencontrent un corps opaque.

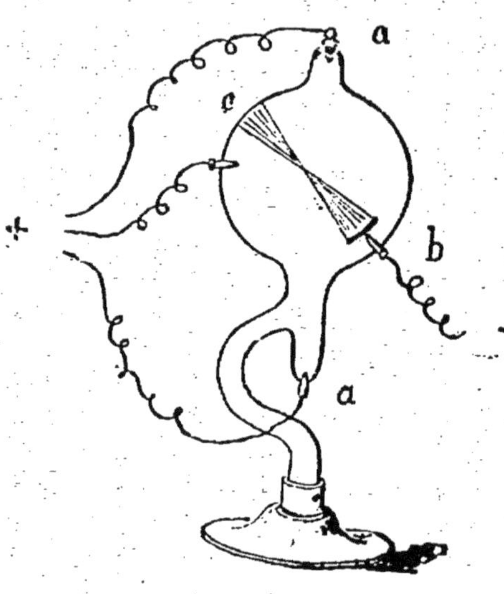

Fig. 12.

L'éclat de la fluorescence que produisent sur le verre les rayons cathodiques augmente avec la raréfaction de l'air, en même temps que diminue l'éclat des rayons eux-mêmes. Cela permet d'étudier facilement leur marche, car on n'aperçoit plus, pour ainsi dire, que la cathode d'où partent les rayons et la région du verre illuminés où ils rencontrent l'enveloppe du tube, c'est-à-dire les deux régions qui déterminent le

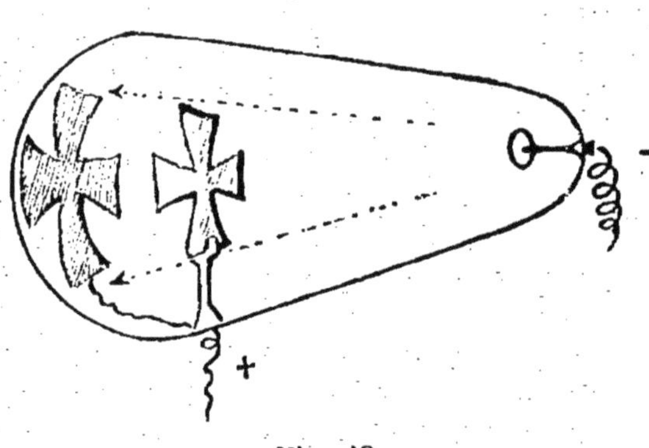

Fig. 13.

faisceau rectiligne selon lequel ils se propagent. On a pu constater de la sorte que, si les rayons émanent d'une cathode plane, ils forment un cylindre dont l'axe XX' est perpendiculaire au plan de cette cathode (fig. 14), que, s'ils émanent d'une cathode en forme de calotte sphérique (fig. 15), ils suivent les directions des rayons de la sphère dont fait partie la calotte, passent par son centre *o* et divergent ensuite. C'est le cas du faisceau représenté dans la fig. 16.

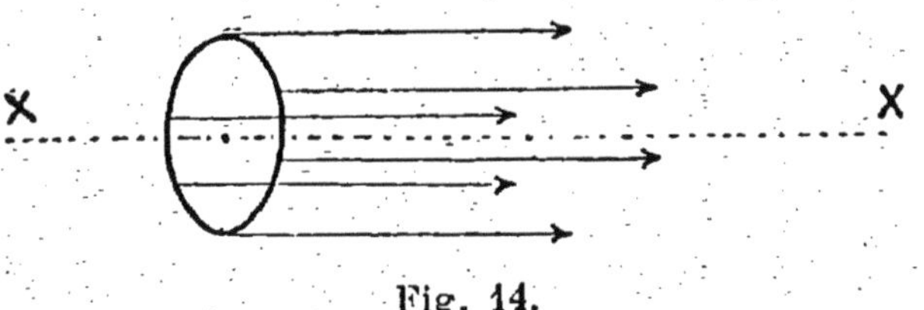

Fig. 14.

Théorie de Crookes. — La propagation rectiligne des rayons cathodiques a servi de base à la théorie formulée par Crookes et pittoresquement désignée sous le nom de théorie du bombardement moléculaire.

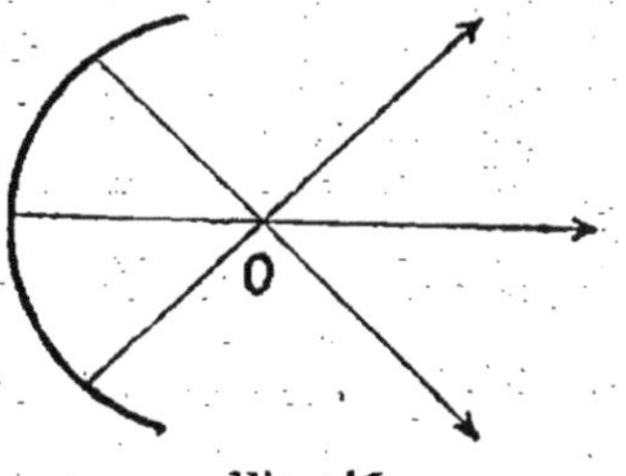

Fig. 15.

On sait que l'on considère généralement la matière comme formée de particules séparées, d'une petitesse extrême, qu'on appelle des molécules. Selon les théories admises, les molécules gazeuses sont en mouvement et en chocs continuels les unes contre les autres, animées de vitesses d'environ 10 kilomètres par seconde. De là, une certaine difficulté pour elles à se mouvoir, comparable à celle de personnes qui, individuellement, chercheraient à circuler rapidement dans des sens différents au milieu d'une fou-

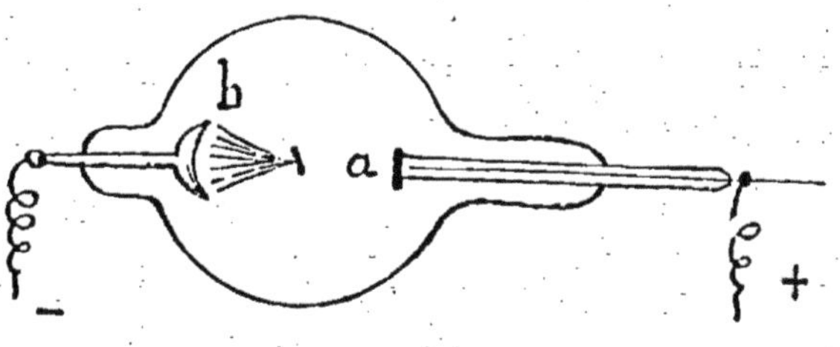

Fig. 16.

le compacte. Crookes suppose que, lorsque le gaz a été suffisamment raréfié (il amenait dans ses tubes la pression à un millionnième d'atmosphère), les molécules, devenues très rares, se meuvent plus librement et, dans cet état particulier qu'il a appelé *la matière radiante*, se déplacent suivant des lignes droites. Effectivement, le fait qu'un écran, même en

verre, c'est-à-dire transparent, arrête les rayons cathodiques ne pouvait manquer d'apporter un puissant appui à
cette manière d'envisager les choses.

Nous extrayons ici quelques lignes d'une lettre dans laquelle Crookes exprime son opinion sur quelques-uns des
points touchés par ses expériences.

« La matière dans son quatrième état (matière radiante),
est le résultat ultime de la suspension des gaz ; en raison
de l'extrême raréfaction, la trajectoire libre des molécules
est allongée au point que les chocs deviennent négligea-
bles en comparaison du parcours total, et la plupart des
molécules peuvent alors suivre leur propre mouvement
sans être dérangées ; si le chemin moyen est comparable
aux dimensions du vase, les propriétés qui constituent l'état
gazeux sont réduites à un minimum, et la matière atteint
l'état ultra-gazeux.

« Mais le même état de choses peut être obtenu si, par
un moyen quelconque, nous isolons une quantité limitée
de gaz et si, par une force extérieure, nous introduisons de
l'ordre dans les mouvements apparemment désordonnés des
molécules dans toutes les directions... Ces considérations
conduisent à une spéculation singulière ; la molécule est la
seule vraie matière, et ce que nous appelons matière n'est
pas autre chose que l'effet sur nos sens du mouvement des
molécules (1). »

Expériences de Goldstein, de Hertz et de Lénard. — La
théorie de Crookes rencontra parmi les savants plus d'un
contradicteur. Dès 1876, Goldstein, qui semble avoir passé
tout près de la découverte de Röntgen, avait, en étudiant les
rayons cathodiques, formulé des conclusions contraires à
celles de l'éminent physicien anglais. Il a observé que les
rayons cathodiques se diffusent en frappant une surface
quelconque, conductrice ou non, parcourue ou non par un
courant électrique. Ces rayons, dans tous les cas, peuvent
rendre fluorescents les corps qu'ils rencontrent. Goldstein
avait d'ailleurs reconnu leur action photographique. Il

1. *Les rayons X,* par Ch. Ed. Guillaume (p. 54), Gauthier-Villars,
éditeur.

considérait ces phénomènes comme dus à une diffusion et non à une transformation de radiations en radiations différentes.

En 1891, Hertz montra que les rayons cathodiques traversaient les métaux pris sous une épaisseur suffisamment faible; peu de temps après un de ses élèves, Lénard, se proposa de chercher si les rayons cathodiques ne se propageraient pas dans un milieu autre que le gaz très raréfié où ils ont pris naissance. Il construisit pour cela un tube fermé par une paroi perméable à ces rayons.

Son appareil comprenait un tube T (fig. 17) dont une

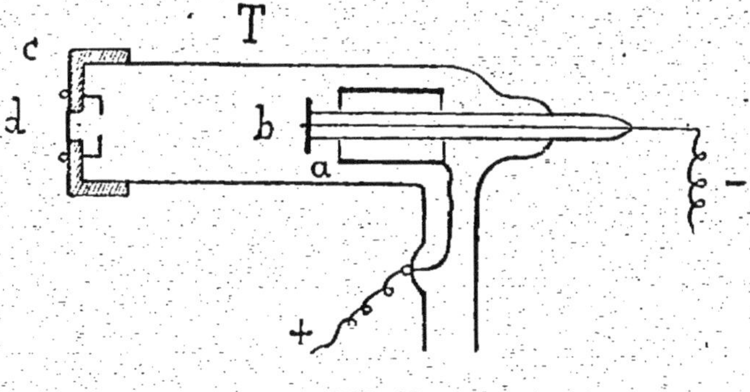

Fig. 17.

extrémité était munie d'une armature de métal c portant en son centre une petite ouverture d de 1 millim. 7 de diamètre, que fermait une plaque d'aluminium d'épaisseur comprise entre 2 et 3 millièmes de millimètre. L'anode a cylindrique laisse passer la cathode b circulaire. On reconnait facilement que les rayons sortent du tube par la fenêtre d. Cette observation est particulièrement facilitée par l'emploi de substances fluorescentes sur lesquelles on fait tomber le faisceau de rayons qui sort du tube et se propage dans l'air. On voit se former sur ces substances une tache lumineuse cerclée d'un bord dont l'éclat se dégrade en un halo plus pâle; celui-ci s'élargit à mesure que la substance fluorescente est placée de plus en plus loin, tandis que la tache brillante s'efface peu à peu. C'est ainsi qu'agit la lumière, traversant sous une faible épaisseur un milieu trouble et partiellement diffusée dans toutes les directions. Lénard se crut autorisé à conclure de ses expériences que les rayons cathodiques sont aussi plus ou moins diffusés par les différents milieux.

Action de l'aimant. — Les rayons cathodiques sont déviés par un aimant. Il suffit de déplacer l'aimant le long de la surface d'un tube de Crookes pour voir nettement l'éclat des rayons suivre son mouvement. Cette observation est importante quant à la distinction entre les rayons cathodiques et les rayons X. Elle a été renouvelée facilement par tous les expérimentateurs qui se sont occupés de cette question.

IV

PROPRIÉTÉS DES RAYONS X

Nous pouvons maintenant reprendre l'étude particulière des rayons X; et d'abord ces rayons sont-ils capables d'une action calorifique? Voici comment Röntgen répond à cette première question :

« Je n'ai réussi à mettre en évidence aucun effet calorifique des rayons X. On peut cependant supposer qu'un tel effet existe; les phénomènes de fluorescence montrent que les rayons X sont capables de se transformer. Il est donc certain que tous les rayons X qui tombent sur un corps ne le quittent pas dans le même état (1) ».

Effets sur les corps électrisés. — Plusieurs savants (2) ont constaté simultanément que les rayons X déchargent un corps électrisé sur lequel ils tombent. L'électroscope dû à Hurmuzescu se prête particulièrement à cette vérification.

Caractères négatifs des rayons X à l'égard de la réflexion, de la réfraction, de l'interférence, de la polarisation. — Nous

1. *Mémoire* de Röntgen.
2. Benoist et Hurmuzescu, à Paris; J.-G. Thomson, à Cambridge; Righi, à Bologne; Dufour, à Lausanne; Borgmann et Gerchem, à Saint-Pétersbourg.

avons rappelé plus haut en quoi consistent la réflexion et la réfraction. On sait que, une fois pulvérisé, un corps transparent par lui-même, devient opaque et blanc. Témoin le sel réduit en fins morceaux, témo.. l'écume de l'eau, blanchâtre même dans l'eau bourbeuse. C'est que les rayons de lumière qui rencontrent les faces des grains orientés en tous sens sont réfléchis et réfractés dans toutes les directions; peu pénètrent dans le corps qui semble alors perdre toute transparence, presque tous sont réfléchis à l'extérieur, dans tous les sens. Il est facile d'après cela de reconnaître si un rayon peut se réfléchir ou se réfracter. On le fera tomber sur une poudre fine. La traverse-t-il, c'est qu'il passe à travers chaque grain, indifférent à l'orientation des surfaces d'entrée et de sortie, par suite sans changement de direction, sans réfraction. Or tel est le cas des rayons X, tel le fait qui semble les différencier nettement des radiations lumineuses.

« Après mes expériences sur la transparence d'épaisseurs croissantes de milieux différents, dit Röntgen, j'ai cherché à voir si les rayons X pouvaient être déviés par un prisme. Des expériences faites avec de l'eau et du sulfure de carbone, contenus dans des prismes de mica de 30°, n'ont fait voir aucune déviation, soit sur la plaque photographique, soit sur l'écran phosphorescent. Comme terme de comparaison, on a fait tomber des rayons de lumière sur les prismes disposés pour l'expérience.

Les déviations ont atteint respectivement 10 millim. et 20 millim. avec les deux prismes.

« Avec des prismes d'ébonite et d'aluminium, on a obtenu sur la plaque photographique des images qui font soupçonner une déviation. Elle est toutefois incertaine et correspondrait à un indice au plus égal à 1,05. On n'a pu observer aucune déviation avec l'écran fluorescent. Des expériences sur des métaux lourds n'ont jusqu'ici conduit à aucun résultat, à cause de leur peu de transparence et de l'affaiblissement qui en résulte pour les rayons transmis.

« La question est assez importante pour qu'il y ait lieu de rechercher par d'autres moyens si les rayons X peuvent se réfracter.

« Des corps réduits en poudre fine ne permettent, sous

une petite épaisseur, que le passage d'une faible partie de la lumière incidente, par suite de la réflexion et de la réfraction. Dans le cas des rayons X, au contraire, ces couches de poudre présentent, pour une même masse d'un corps, la même transparence que le solide lui-même. Nous ne pouvons donc conclure à l'existence d'aucune réflexion, ni d'aucune réfraction des rayons X. L'expérience a été exécutée sur du sel gemme finement pulvérisé, de l'argent électrolytique en poudre fine et de la poussière de zinc ayant déjà servi plusieurs fois à des opérations chimiques. Dans tous ces cas, les résultats donnés, soit par l'écran fluorescent, soit par la méthode photographique, n'ont indiqué aucune différence de transparence entre la poudre et le solide cohérent.

« Il est clair alors qu'on ne peut pas compter sur les lentilles pour concentrer les rayons X ; effectivement, des lentilles d'ébonite et de verre de grande dimension se sont montrées également sans action. L'ombre photographique d'une tige ronde est plus foncée au centre qu'au bord ; l'image d'un cylindre rempli d'un corps plus transparent que les parois, présente plus d'éclat au centre que sur les bords.

« Les expériences précédentes et d'autres, que je passe sous silence, indiquent que les rayons ne peuvent pas se réfléchir. Il sera néanmoins utile de rapporter avec détails une observation qui, à première vue, semblait conduire à une conclusion opposée.

« J'ai exposé aux rayons X une plaque, protégée par une feuille de papier noir, de façon que la face libre regardât le tube à vide. La couche sensible était recouverte partiellement de pièces de platine, de plomb, de zinc et d'aluminium, en formes d'étoiles. Le négatif développé montra que la plaque avait été fortement impressionnée devant le platine, le plomb et plus encore devant le zinc ; l'aluminium ne donnait pas d'image. Il semble donc que ces trois métaux puissent réfléchir les rayons X ; toutefois, une autre explication est possible, et j'ai répété l'expérience avec cette seule différence que j'interposais une lame d'aluminium extrêmement mince entre la couche sensible et les étoiles de métal. Cette plaque d'aluminium est opaque pour les rayons ultraviolets, mais transparente pour les rayons X. Sur l'épreuve, les images apparurent comme précédemment indiquant encore l'existence d'une réflexion sur les surfaces métalliques.

« Si l'on rapproche ce résultat de la transparence des poudres et du fait que l'état de la surface n'exerce aucune action sur le passage des rayons X à travers les corps, on est conduit à conclure avec vraisemblance que la réflexion régulière n'existe pas, mais que les corps jouent vis-à-vis des rayons X le même rôle que les milieux troubles vis-à-vis de la lumière.

« Puisqu'on n'observe aucune trace de réfraction à la surface de séparation de deux milieux, il semble probable que les rayons X se meuvent avec la même vitesse à travers toutes les substances, dans un milieu qui pénètre tous les corps et qui baigne les molécules de ces corps. Les molécules arrêtent les rayons X avec d'autant plus de force que la densité du corps considéré est plus grande. » (*Mémoire* de Röntgen.)

Ces résultats négatifs ont été vérifiés avec soin par Jean Perrin qui a constaté la propagation rigoureusement rectiligne des rayons X à travers un prisme de métal.

« L'appellation de « rayons » donnée aux phénomènes se justifie en partie par les silhouettes régulières qu'on obtient en interposant un corps plus ou moins perméable entre la source et une plaque photographique ou un écran fluorescent.

« J'ai observé et photographié un grand nombre de ces silhouettes. J'ai aussi le dessin d'une partie d'une porte peinte au blanc de plomb; j'ai obtenu l'image en plaçant le tube à décharges d'un côté de la porte et la plaque sensible de l'autre. J'ai aussi l'ombre des os de la main, d'un fil enroulé sur une bobine, d'une série de poids dans une boîte, d'un cadran de boussole, avec l'aiguille, le tout complètement enfermé dans une boîte de métal, d'un morceau de métal, dont les rayons X décèlent les défauts d'homogénéité, et de plusieurs autres objets.

« Pour la propagation rectiligne des rayons, j'ai une photographie, à la chambre obscure de l'appareil de décharge, recouvert de papier noir; elle est pâle, mais très nette cependant.

« J'ai cherché à produire l'interférence des rayons X,

mais sans résultat, peut-être à cause de leur faible intensité.

« Des recherches sur l'action que peuvent exercer des forces électrostatiques sur les rayons X sont en cours, mais non encore achevées. » (*Mémoire* de Röntgen.)

Caractère distinctif des rayons cathodiques et des rayons X. — *Lieu d'origine des rayons X.* — Röntgen établit encore d'importantes différences entre les rayons de cathode et les rayons X, que, dans le public au moins, on a eu, au début, une certaine tendance à confondre.

« L'air absorbe les rayons X beaucoup moins que les rayons de cathode. Ce résultat est en accord complet avec le résultat déjà indiqué plus haut, que la fluorescence de l'écran peut s'observer encore à une distance de deux mètres du tube à vide. En général, les autres corps se comportent comme l'air ; ils sont plus transparents pour les rayons X que pour les rayons de cathode.

« Une nouvelle distinction, et qui doit être notée, résulte de l'action d'un aimant. Je n'ai pas réussi à observer aucune déviation des rayons X, même dans des champs magnétiques très intenses.

« La déviation des rayons cathodiques par l'aimant est une de leurs caractéristiques spéciales ; Hertz et Lénard ont observé qu'il existe plusieurs espèces de rayons cathodiques, qui diffèrent par leur propriété d'exciter la phosphorescence, la facilité d'absorption et leur déviation par l'aimant ; mais on a observé une déviation notable dans tous les cas étudiés, et je pense que cette déviation constitue un caractère qu'on ne peut pas négliger facilement.

« Il résulte d'un grand nombre d'essais que les points du tube à décharges où apparaît la phosphorescence la plus brillante sont le siège principal d'où les rayons X naissent et se propagent dans toutes les directions, c'est-à-dire que les rayons X partent de la région où les rayons de cathode frappent le verre. Que l'on déplace les rayons de cathode dans le tube à l'aide d'un aimant et l'on verra les rayons X partir d'un nouveau point, c'est-à-dire encore de l'extrémité des rayons de cathode.

« Pour cette raison également les rayons X, qui ne sont

pas déviés par un aimant, ne peuvent pas être considérés comme des rayons de cathode qui auraient traversé le verre, car ce passage ne peut pas, d'après Lénard, être la cause de l'absence de déviation des rayons. J'en conclus que les rayons X ne sont pas identiques aux rayons de cathode, mais sont produits par les rayons de cathode à la surface du tube.

« Les rayons ne se produisent pas seulement dans le verre. Je les ai obtenus dans un appareil fermé par une lame d'aluminium de 2 millimètres d'épaisseur. Je me propose, par la suite, d'étudier le rôle d'autres substances... » (*Mémoire* de Röntgen.)

Goldstein a observé au cours de ses études que les rayons cathodiques sont formés par des rayonnements différents dont l'intensité lumineuse varie d'une région à l'autre. On observe notamment un espace désigné sous le nom d' « espace obscur » qui est en réalité bleu ciel quand on l'isole des éclairements voisins et dans lequel Roiti met la source des rayons X.

Expériences de H. Becquerel. — De curieuses expériences dues à H. Becquerel se rattachent intimement à la question des rayons X. Ce physicien a employé comme source de radiations du sulfate double d'uranium et de potassium, corps dont la fluorescence ne subsiste qu'un centième de seconde quand la cause qui le provoque a cessé. Devant ce sulfate est placée une plaque d'aluminium de 2 millimètres d'épaisseur qui le sépare de la plaque photographique ; sur la face sensible de celle-ci, tournée vers le sulfate, repose une médaille de métal. Les saillies de l'effigie réalisent des épaisseurs différentes. On obtint ainsi, non plus à l'aide des radiations fluorescentes, mais des radiations obscures qui ont d'abord traversé les 2 millim. d'aluminium, une image très nette des reliefs de la médaille. Une particularité curieuse du sulfate double d'uranium et de potassium : ce corps continue à émettre dans l'obscurité ces radiations actives pendant des semaines sans qu'on ait besoin, soit par l'insolation, soit par tout autre mode de production de la fluorescence, de renouveler son énergie. H. Becquerel a constaté une singularité plus imprévue encore dans un cristal de blende hexagonale; on avait constaté, de la part de cet échantillon, l'émission de radiations actives; cette activité ayant cessé au bout d'un certain temps, il fut impossible, malgré l'emploi des différents procédés connus, de la faire renaître. Faudra-t-il en conclure que c'est par un long séjour dans l'obscurité que certains corps emmagasinent l'énergie spéciale manifestée ensuite sous forme de radiations ?

La question se posait de savoir si ces rayons étaient ou non des rayons X. H. Becquerel a constaté à ce sujet que, vis-à-vis des radiations auxquelles il avait affaire, la transparence des différents métaux ne les rangeait pas dans le même ordre que vis-à-vis des rayons de Röntgen; enfin, et ceci peut avoir une grande importance, que les radiations qu'il avait formées étaient susceptibles de se réfracter, peut-être de se polariser.

V

APPLICATIONS

« On sait, combien sont nombreuses déjà, dit Raveau, les applications qu'on a faites de toutes parts de l'action photographique des rayons X. Rappelons les résultats présentés par le professeur Lannelongue et MM. Oudin et Barthélemy à l'Académie des Sciences, le 26 janvier. L'un des clichés représentait un fémur atteint d'ostéomyélite : on distingue une tache blanche au milieu de la partie la plus épaisse, indiquant la région attaquée. Cette expérience démontre à nouveau que la maladie se propage du centre de l'os à la périphérie. Un second cliché représente la main d'un enfant atteint d'ostéite tuberculeuse ; on reconnaît l'attaque d'une des phalanges du médius à un élargissement de l'ombre. Le professeur Mosetig, de Vienne, a obtenu une photographie montrant avec beaucoup de netteté les lésions produites par une balle dans la main d'un homme et la position du projectile. Il a pu aussi découvrir la position et la nature de la malformation du pied d'une femme. D'après

The Lancet, on a pu, à Berlin, constater la régénération de l'os d'un doigt qui avait subi une fracture compliquée. Le professeur Rocher, de Berne, a pu retrouver ainsi, dans la main d'une femme, un fragment d'aiguille qui s'était introduit sous la peau depuis quelque temps et dont on n'avait encore pu fixer la position (1).

« Il serait du plus haut intérêt d'arriver à réduire le temps de pose, qu'on n'a pas encore fait descendre au-dessous de 15 minutes. Il est probable que des essais portant sur diverses plaques sensibles amèneront rapidement à ce résultat.

« ... M. Charles Henry a constaté que le sulfure de zinc phosphorescent augmentait le rendement photographique des rayons Röntgen.

« Sur une plaque photographique, enveloppée de papier aiguille, il place un fil de fer et, sur ce fil de fer à la suite les unes des autres, une pièce de cinq centimes intacte une pièce de dix centimes enduite de sulfure sur sa face antérieure, une pièce de cinq centimes enduite de sulfure sur sa face postérieure et une pièce de cinq francs en argent, enduite de sulfure sur la plus grande portion de sa face antérieure. La plaque développée et fixée après quarante-cinq minutes de pose, en face d'un tube de Crookes, donne une ombre très nette du fil de derrière la pièce de dix centimes enduite de sulfure sur sa face extérieure, une ombre un peu moins nette derrière la pièce de cinq centimes enduite de sulfure sur sa face postérieure (l'ombre de cette pièce ressortant plus en clair que les autres) une ombre moins nette également derrière la portion de la pièce de cinq francs enduite de sulfure : au contraire il n'apparaît aucune ombre du fil derrière le sou resté intact et derrière la portion de la pièce de cinq francs non recouverte de sulfure. Ainsi en enduisant de sulfure de zinc phosphorescent des corps absorbants pour les rayons Röntgen, on peut rendre visibles sur la plaque photographique des objets situés derrière ces corps et invisibles autrement.

Enfin, M. Charles Henry a cherché à vérifier si, comme l'avait pensé M. Poincaré, les corps fluorescents n'émettent

---

1. Nous empruntons ces détails à la *Nature* de Londres.

pas des rayons Röntgen, même quand leur fluorescence n'est pas provoquée par les rayons cathodiques. Il a pu obtenir la photographie d'un fil de fer, à travers deux feuilles de papier aiguille, en employant une lame d'aluminium recouverte, sur une partie de sa surface, de sulfure de zinc rendu phosphorescent, soit par la lumière d'un ruban de magnésium, agissant pendant une seconde, soit par la lumière diffuse, agissant pendant deux heures. Les parties non sulfurées de la plaque n'ont produit aucune action photographique (1). »

Les rayons X, en tombant sur un métal recouvert d'un corps phosphorescent, deviennent donc aptes à traverser des épaisseurs plus considérables; de là un moyen d'augmenter leur action et le point de départ d'une expérience de d'Arsonval employant un tube ordinaire de Geissler à la condition de recouvrir d'un verre d'urane les objets à photographier.

La transparence a été étudiée de différents côtés, Röntgen donne plusieurs résultats, d'autres ont été précisés depuis. Un fait intéressant, découvert par Buguet et Gascard est que le jais et le diamant pourront êtré distingués de leurs imitations par la transparence beaucoup plus grande du produit naturel. Les expériences faites sur cinquante solides et treizes liquides indiquent que la transparence varie en sens inverse de la densité; les expériences de Dariex et de Rochas sembleraient indiquer que les milieux de l'œil absorbent les rayons X d'où l'impossibilité où nous nous trouvons d'en percevoir aucun effet.

Remarquons que ces expérimentateurs sont en désaccord avec Röntgen, non sur le fait mais sur son interprétation.

« La rétine de l'œil est absolument insensible à ces rayons ; l'œil placé tout près de l'appareil ne voit rien. Il résulte clairement des expériences que ceci n'est pas dû à un défaut de perméabilité de la part des milieux de l'œil. » (*Mémoire* de Röntgen).

Il semble jusqu'ici que les rayons Röntgen ne doivent prendre rang que parmi les agents utiles. Déceleurs de fraude, ils révèlent à l'administration des postes des objets

2. *Moniteur scientifique* du Dr Quesneville, mars 1896.

non déclarés dans leurs boîtes restées intactes; inquisiteurs infatigables ils mettent leur zèle au service du laboratoire municipal, et peignent ce qu'ils ont vu dans un objet suspect;

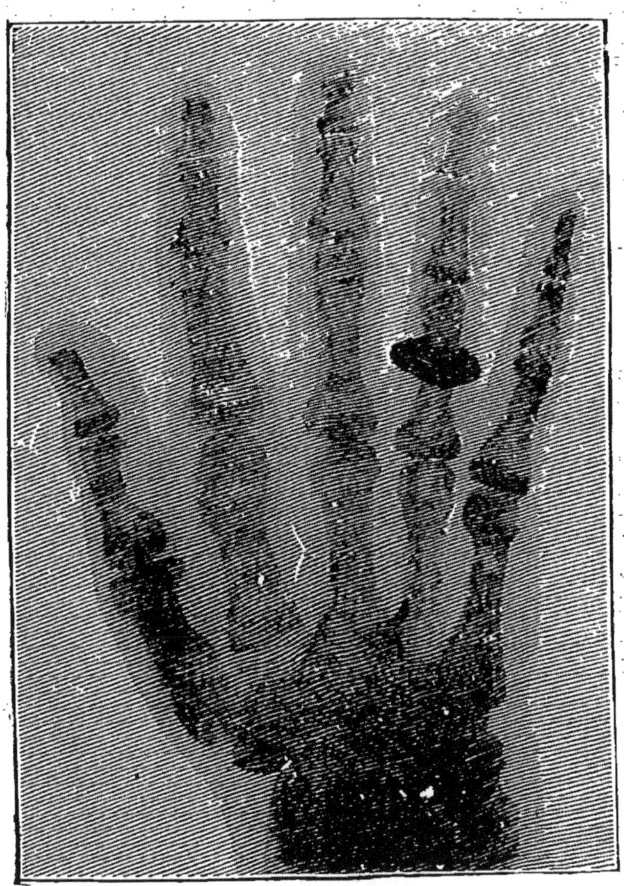

Fig. 18.

auxiliaires du chirurgien ils lui dictent sans erreur son diagnostique.

La figure 18 représente le squelette d'une main. Les faits que nous avons signalés ailleurs sont suffisamment concluants pour faire espérer les plus heureuses applications médicales.

De jour en jour les applications deviennent plus nombreuses. Les microbiologistes ont pensé à soumettre les *Bac-*

téries à l'action des rayons X. Il semble que le déve-
loppement de quelques *Bacilles* pathogènes peut être modi-
fié. D'autre part, Raphaël Dubois, auteur de belles études sur
les êtres capables de produire de la lumière (animaux et
végétaux phosphorescents) a pu obtenir, récemment, l'impression de plaques sensibles, à travers des corps opaques,
par les radiations émanées de certains animaux inférieurs
que les zoologistes rangent dans l'embranchement des
protozoaires. Les travaux sont activement poursuivis dans
ce sens aux laboratoires de physique de la Faculté des
Sciences de Paris. Signalons les derniers résultats obtenus
par le Dr Varennes, qui a constaté la transparence de différents corps réputés opaques, par les radiations émises par
des vers luisants.

VI

TECHNIQUE OPÉRATOIRE

La technique opératoire est des plus simples. La prin-
cipale difficulté provient du tube de Crookes qui conserve
rarement ses propriétés.

Il n'y a pas lieu d'employer de lentille pour concentrer les

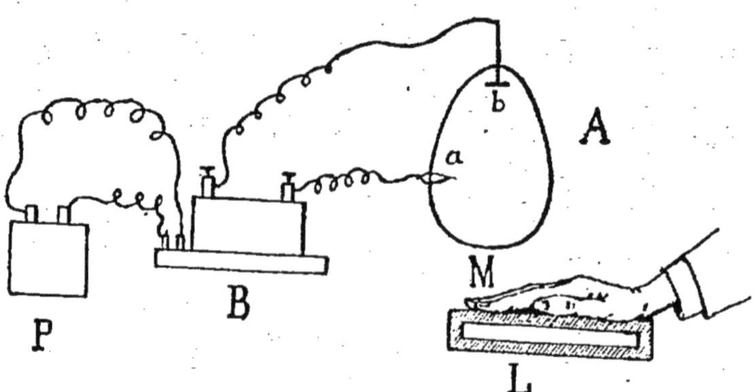

Fig. 19.

rayons X puisqu'ils ne se réfractent pas. On n'a pas, comme
au foyer d'un objectif, une image mais simplement la silhouette des contours.

Les rayons partent d'une ampoule de Crookes *A* (fig. 19).

L'anode *a* et la cathode *b* sont en communication avec les fils d'une bobine de Ruhmkorff *B* actionnée par un courant continu (pile à treuil, par exemple, ou accumulateur *P*). On sait que la position de l'anode est indifférente, mais il est indispensable et il faut, à l'aide du commutateur de la bobine, régler le courant en conséquence, que ce soit l'armature *b*, en face de laquelle est disposée la plaque photographique, qui fasse l'office de cathode.

S'il en est ainsi, la lueur vert jaunâtre est concentrée vers la partie arrondie située dans la figure vers le bas de l'ampoule, elle présente un vif éclat; dans le cas contraire la lueur affecte des couleurs variables du vert jaune au gris bleu; l'éclat est moins vif que précédemment.

En face de la cathode est disposée, protégée contre la lumière du jour, la plaque photographique *L* qui doit recevoir l'image; entre l'ampoule et la plaque en *M*, l'objet dont on scrute l'intérieur, une main par exemple.

S'il s'agit de corps de dimensions analogues à celles de la main, il y a avantage à mettre l'objet et la plaque le plus près possible de la partie fluorescente du tube, placée environ à 2 centimètres au-dessus de l'objet reposant à plat sur la plaque.

Il y a, comme on est habitué à le voir en photographie, tout intérêt à réduire la source d'émission des rayons, ce qui peut se faire en utilisant les actions magnétiques. Mais les amateurs devront se rappeler ici que le mieux est quelquefois l'ennemi du bien; ils en feront l'épreuve s'ils emploient les aimants au hasard, et nous leur conseillons en ce cas de prendre conseil d'un professionnel. Sous cette réserve, une opération bien conduite pourra leur donner des résultats convenables avec quelques secondes de pose.

Les expérimentateurs ont constaté que, si la lueur vert jaunâtre accompagne toute opération couronnée de succès, elle ne suffit pas à la réussite. Les rayons actifs, partant de la surface intérieure du verre, ont à le traverser, et l'activité des radiations qui en sortent est fort différente selon le milieu. Les tubes de cristal, par exemple, donnent une belle fluorescence et fournissent peu d'activité. Du reste, les constructeurs sont aujourd'hui fixés sur ce point et choisissent la matière la plus favorable au passage des rayons X.

Ajoutons que, d'après Roiti, le rendement serait maximum quand la lueur bleue « espace obscur », dont nous avons parlé à propos de la région d'origine des rayons X, atteint la surface du verre.

Pour saisir les contours d'objets de grande dimension qu'il faut nécessairement éloigner de la source, il est bon de la diaphragmer. Une lame de plomb percée d'un trou ou d'une fente peut servir de diaphragme ; la durée de pose nécessaire est d'autant plus grande que l'orifice est plus restreint.

Les tubes de Crookes actuels se détériorent rapidement. Huit heures est la durée limite de leurs services. La surface qui luit se modifie et la fluorescence finit par cesser totalement. On peut, à l'aide d'aimants, la produire ailleurs et utiliser successivement différentes régions du tube. En outre, à la longue, l'état intérieur se modifie, et il devient impossible de faire passer la décharge. On conseille divers remèdes à cet inconvénient, de beaucoup le plus grave. Gouy, professeur à l'Université de Lyon, a rendu l'activité à un tube en le chauffant quelques heures dans une étuve à 200° ; Carpentier, le distingué constructeur que tout le monde connaît, conseille de mettre en dérivation sur le tube l'excitateur à étincelles. On pourra pour cela fixer deux fils droits respectivement aux deux pôles de la bobine, en maintenant au début, entre les extrémités d'où partent les étincelles, une distance inférieure à 1 centimètre, que l'on peut ensuite accroître progressivement. Le renversement du sens de la décharge, maintenu quelque temps quand le tube commence à se fatiguer, donne également de bons résultats. Signalons, d'autre part, le danger de faire fondre le tube et la nécessité d'interrompre souvent la décharge quand on emploie une bobine puissante.

Il n'est pas nécessaire de prendre comme source la surface même du verre, on peut employer pour cela un corps quelconque situé à l'intérieur du tube, par exemple, une lame de platine sur laquelle convergent les rayons issus d'une cathode en calotte sphérique.

H. Poincaré a conseillé de donner à la cathode « la forme d'un miroir sphérique concave dont le centre serait voisin de la paroi (pas sur la paroi même, il pourrait en résulter du dégât). »

Cette forme a été réalisée récemment en Angleterre, où des photographies ont été faites par Sylvanus Thompson au moyen du « tube à foyer » (fig. 16) (1).

« Dans ce tube, les rayons cathodiques partant d'un miroir sphérique concave, b, en aluminium, frappent une lame de platine (ou une lame de platine recouverte d'un émail contenant du sulfure de calcium) placée un peu au delà du centre de courbure du miroir et inclinée à 40° sur l'axe du faisceau ; c'est l'*anticathode*. Au point de la lame frappée, les rayons X prennent naissance, comme l'avait trouvé aussi, en France, Jean Perrin. Ces rayons, émanant presque d'un point, donnent des silhouettes photographiques d'une très grande netteté, même à une petite distance du tube.

« La photographie d'une main peut être obtenue en quarante ou cinquante secondes, comme le montre une expérience faite devant la Société avec un tube construit par M. Chabaud, sur les indications de Sylvanus Thompson (2)... »

Avec la bobine de Ruhmkorff que James Chappuis préfère aux autres dispositifs, ce physicien a obtenu : « 1° des photographies *instantanées* d'objets métalliques, c'est-à-dire dans le temps d'une seule décharge de la bobine ; 2° des photographies de mains en une ou deux secondes, suivant l'épaisseur, la plaque étant à 16 centimètres de la source (surface de verre), et celle-ci munie d'un diaphagrame de 8 millimètres (3). » Chappuis a obtenu des épreuves indiquant que le corps humain est traversé dans sa plus grande épaisseur. Il a pu, à ce propos, constater que le « tube à foyer » conservait sa puissance mieux que les anciens modèles et que le verre ne subissait pas d'altération dans la région traversée par les rayons X, tandis que, dans les anciens modèles, la surface du verre aux points où se fait la trans-

1. Cet appareil semble devoir être désigné en France sous le nom de *tube focus*. La traduction en français du mot anglais *focus tub* est « tube à foyer » ; c'est pourquoi nous adopterons cette dénomination et souhaitons qu'elle soit consacrée par l'usage de préférence à celle de tube focus qui n'a aucun sens.

2. Résumé des communications de la Société française de physique. Séance du 17 avril 1896.

3. Résumé des communications de la Société française de physique. Séance du 17 avril 1896.

formation des rayons cathodiques en rayons X devient brune et rapidement inactive.

« Chappuis a entrepris avec Chauvel de rechercher s'il était possible de photographier des calculs dans les parties du rein et de la vésicule biliaire non masquées par les côtes. Des expériences préliminaires ont montré : 1° que ces organes ont un degré de perméabilité beaucoup moindre que les chairs, dû pour le rein aux matières minérales dont il est imprégné et pour la vésicule à la bile, dont un principe, l'acide taurocholique contient du soufre ; 2° que les calculs du rein sont moins perméables que le rein, tandis que les calculs biliaires sont plus perméables que la bile dans laquelle ils plongent.

« Un calcul du rein logé dans le bassinet donne une tache très blanche sur fond blanc, tandis qu'un calcul biliaire donne une tache noire entourée d'un filet blanc (dû à une couche enveloppe qui contient du soufre) sur fond blanc ; ces divers degrés de perméabilité rendent donc possible la résolution de ces deux problèmes (1). »

« E. Colardeau fait connaître une forme de tube de Crookes permettant d'obtenir, avec les rayons X, des photographies d'une très grande netteté. Le passage du courant dans les tubes de Crookes destinés à la photographie par les rayons X produit, comme on sait, une altération rapide du degré de vide efficace dans ces appareils. C'est cette raison qui a conduit les constructeurs à donner actuellement à ces ampoules de très grandes dimensions.

« Colardeau a construit un tube de Crookes cylindrique de très faible diamètre contenant une cathode, d'un diamètre à peu près égal, assez profondément enfoncée dans le tube pour ne se trouver qu'à une très faible distance de la paroi anticathodique utile. Les dimensions du tube ne dépassent pas celles d'une cigarette ordinaire. Comme la très faible capacité d'un pareil tube donnerait lieu à une altération très rapide de son degré de vide efficace par le passage de la décharge, il est indispensable, pour le rendre pratique, de lui souder latéralement une ampoule assez

1. Résumé des communications de la Société française de physique. Séance du 17 avril 1896.

volumineuse avec laquelle il communique et qui évite cet inconvénient.

« Avec ce tube, Colardeau a obtenu des photographies qu'il montre à la Société. Elles ne présentent plus l'inconvénient des pénombres diffuses qu'on pouvait reprocher à la méthode du professeur Röntgen, mais sont d'une grande finesse. La pointe ou le trou d'une aiguille, par exemple, ne montrent aucune différence entre l'objet et sa silhouette photographique (1). »

VII

NATURE DES RAYONS X

Aux yeux des savants, la question intéressante est de savoir quelle est exactement la nature des rayons X.

S'agit-il d'une nouvelle venue dans la série des radiations qui, sauf la propriété d'influencer notre rétine, ont toutes les propriétés des rayons lumineux?

Sont-ce des rayons cathodiques?

Faut-il y voir un agent nouveau, destiné à rester encore longtemps sous le mystérieux vocable de l'inconnu que lui a donné le professeur de Würtzbourg.

Telle est l'opinion vers laquelle penche Röntgen.

« On demandera : Que sont ces rayons? Puisque ce ne sont pas des rayons cathodiques, on pourrait supposer, d'après leur faculté de produire la fluorescence et l'action chimique, qu'ils sont dus à la lumière ultraviolette. Un ensemble imposant de preuves est en contradiction avec cette hypothèse. Si les rayons X sont en réalité de la lumière ultra violette, cette lumière doit posséder les propriétés suivantes :

« *a*) Elle ne se réfracte pas en passant de l'air dans l'eau dans le sulfure de carbone, l'aluminium, le sel gemme, le verre ou le zinc.

« *b*) Elle ne peut se réfléchir régulièrement à la surface des corps cités.

1. Résumé des communications de la Société française de physique. Séance du 17 avril 1896.

« *c*) Elle n'est polarisée par aucun des milieux polarisants ordinaires.

« *d*) L'absorption par les différents corps doit dépendre de leur densité.

« Ce qui revient à dire que les rayons ultraviolets doivent se comporter tout autrement que les rayons visibles ou infrarouges, et les rayons ultraviolets déjà connus. Ceci paraît assez invraisemblable pour que j'aie cherché à faire une autre hypothèse.

« Il semble y avoir une sorte de relation entre les nouveaux rayons et les rayons lumineux ; tout au moins la production d'ombres, de fluorescences et d'actions chimiques semble l'indiquer. Or, on sait depuis longtemps qu'outre les vibrations qui rendent compte des phénomènes lumineux, il est possible que des vibrations longitudinales se produisent dans l'éther : certains physiciens pensent même que ces vibrations doivent exister. Toutefois on doit convenir que leur existence n'a jamais été mise en évidence et que leurs propriétés n'ont pas été établies expérimentalement Ces nouveaux rayons ne devraient-ils pas être attribués à des ondes longitudinales de l'éther.

« Je dois avouer qu'à mesure que je poursuivais ces recherches, je me suis accoutumé de plus en plus à cette idée et je me permets de l'énoncer, sans me dissimuler que l'hypothèse demande à être établie plus solidement (1). »

Il ne semble pas en effet que l'on ait affaire à des rayons cathodiques. Les rayons cathodiques sont fortement déviés par l'action d'un aimant, tandis que les rayons X conservent leur direction invariable sous les actions magnétiques les plus intenses. Pourtant, une relation étroite est manifeste entre les deux espèces de rayons. Les rayons X partent des points du tube où les rayons propagés à l'intérieur viennent frapper la paroi, ils procèdent donc des rayons cathodiques, et on ne pourrait affirmer leur complète indépendance qu'au jour où on aurait produit les rayons X sans l'intermédiaire des précédents.

En second lieu, il ne semble pas non plus qu'on puisse considérer les rayons X comme provenant de ces vibrations

1. *Mémoire* de Röntgen, traduit par Raveau.

du fluide subtil qu'on désigne sous le nom d'éther auxquelles on attribue la sensation de la lumière. On observe en effet surtout des différences entre les propriétés des uns et des autres : les rayons X ne se réfléchissent ni ne se réfractent. Nous avons vu plus haut par quelles expériences ingénieuses Röntgen avait établi ces faits.

Nombreux sont pourtant les savants français ou étrangers qui n'acceptent que sous réserves les conclusions en faveur d'un agent nouveau. « Fille du temps », la vérité toute relative qu'est la vérité scientifique peut patiemment attendre de lui les résultats de nouvelles recherches. Il est vraisemblable qu'elles fixeront l'opinion des savants, mais il n'y a pas lieu d'attendre ce moment pour souhaiter un prompt perfectionnement à l'arme nouvelle dont vient d'être enrichie la science médicale privilégiée, semble-t-il, entre toutes les sciences, quant au profit à tirer, pratiquement, pour le bien de l'homme, des découvertes de Röntgen.

TABLE DES MATIÈRES

Le Gérant : HENRI GAUTIER.

IMP. NOIZETTE ET Cie, 8, RUE CAMPAGNE-PREMIÈRE, PARIS.